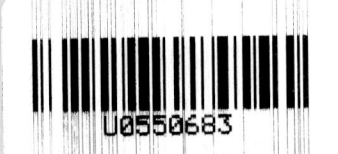

今天也平安下班了呢

上班族生存指南

林雄司—著　吉竹伸介—繪

蔡承歡—譯

1日1つ、読んでおけばちょっと安心！

ビジネスマン超入門365

前言

大家好！
明明有那麼多職場書，還不自覺選了這本書的大家！讓你們久等了！
沒問題的，這本書一點都不困難，而且一定會很有幫助。

我是林雄司，負責撰寫這本書文章的部分。
大學畢業之後的三十年間，我前後待了四家公司。
曾有過不了解「商務休閒風」而穿了帽T去研習活動，把公司配給的手機放在褲子後面口袋然後折壞，又在檢討報告上寫了「防止再犯措施：不要放進褲子後面口袋」這些經歷。

我將從這些經驗中學習到上班族該有的行為與知識整理成了這本書。
這些都是研習活動上不會教、職場書裡不會寫，但身為上班族應該要知道的重要秘技。
而且所有的秘技還都有吉竹伸介老師畫的插圖。
他巧妙畫出了那些明明認真工作，成果卻大相逕庭的大人「社會事」。

希望你能一手拿著這本書，一邊和公司相處融洽。

目　次

哇喔～

這就是上班族的世界啊～

4月

April

4 月 1 日 星期

充滿活力說出「新年度來了！」，

但做的事跟昨天也沒什麼不同。

興致勃勃想著四月一日是勞工的新年新氣象，
過中午就忘了。

4 月 2 日 星期

大會議室暫時因為舉辦新人研習不能使用。

穿不慣套裝的年輕人們
在裡面進行角色扮演。

4 月 3 日 星期

公司的聚會哪能不分你我。

根本沒有上司會說「今天喝個不分你我」，
也不可能真的不分你我。

4 月 4 日 星期

做不好的理由只要說是溝通不足
大概都能聽起來像一回事。

適用於各種失敗檢討報告的魔法咒語。

4 月 5 日 星期

「受教了！」是無論什麼場合都可以使用的

超強答覆。

被指正、被稱讚、聽人炫耀時，
都可以用。

4 月 6 日 星期

會議室大螢幕連上電腦，

在畫面出來前一陣沉默。

即使覺得沉默很難受，也是不必特別問
「你假日都在幹嘛？」啦。

4 月 7 日 星期

臼齒的話題總能炒熱氣氛。

味噌湯裡喜歡加什麼料也是。

就是會忍不住想炫耀自己臼齒痛啊。

4 月 8 日 星期

分享畫面時旁邊出現的廣告

暴露了你平常在做的事。

有人的廣告全部都是套頭緊身衣。

4 月 9 日 星期

公共電腦的瀏覽器搜尋紀錄裡

有成人網站也要假裝沒看到。

準備輸入網址的時候
以前造訪過的網站會跑出來。

4 月 10 日 星期

該年度過後的收據就是廢紙。

乾脆地丟了吧。

4 月 11 日 星期

大部分的白板筆都寫不出來。

只有紅色還有水，
偶然看見的會議板書紅通通。

4 月 12 日 星期

公司盛傳有個新人剛來就辭職了。

大家是用有點驚訝又有點羨慕的語氣
在說這件事。

4 月 13 日 星期

在公司不要吃會發出聲音的零食。

口哨糖也不准。

總覺得公司裡一直有人在吃東西。
把仙貝換成溼煎餅吧。

4 月 14 日 星期

就像名人會突然消失，

討厭你的上司也很快就會消失。

即使是不對盤的人，
只要不當你的直屬上司，
也是可以談笑風生的。

4 月 15 日 星期

上司是只要你去談事情就會開心的生物。

就算是幾乎辦不到的事也拜託看看。

上司們開心在聊：「我被拜託了耶～」

4 月 16 日 星期

不要在公司用多功能機關鉛筆盒。

雖然有可能成為談生意時的話題，

但也有可能誤傷別人。

4 月 17 日 星期

在休息室躺著敲Macbook

看起來就像厲害的工程師。

矽谷的公司來訪時
就會突然出現在玄關沙發上
躺著工作的人。

4 月 18 日 星期

有些人一直在安排中期計畫。

中期計畫、重新評估、第二次重新評估……
無止境的持續更新中。

4 月 19 日 星期

用語：批准

只在白板寫上對自己有利的意見，

做成會議紀錄送出去。

制霸白板就等於制霸了會議。
寫一些只對自己有利的東西吧。

4 月 20 日 星期

四月一日到職的人大概在這個時間

就漸漸分得出同事了。

為什麼一開始會覺得這兩個人是同一個人啊，
他們臉根本長得不一樣啊。

4 月 21 日 星期

提到厲害的人時省去敬稱，

表現出關係很好的樣子。

就算只有一起開過一次會，
也試著說說看「○○，好囉嗦喔～」吧。

4 月 22 日 星期

把引導會議說成「我來順個」，

把做摘要說成「我來摘個」，

留莫西干頭的員工很愛這樣說。

瑞可利公司的員工
就給人這種印象。

譯註：「瑞可利」為日本企業，主要經營求職廣告、人力派遣等業務，以有許多社內用語出名。

4 月 23 日　　星期

加班時周圍都是暗的，只有自己的位子亮燈，
這種像電視劇般的場景不會出現。

公司的燈不能像聚光燈那樣
只開或只關一個地方。

4 月 24 日　　星期

即使坐得很遠，也會知道有人在剝橘子。

有人在吃泡麵也會知道。
加班時泡麵的味道是一種暴力。

4 月 25 日　　星期

有時候也試著從遠方眺望白板吧。

會看起來像在縱觀全局，
即使縱觀到的只有白板。

4 月 26 日　　星期

亂逛網站時只要用手指著螢幕，
看起來就像在確認什麼。

再用另一隻手扶著下巴，
那麼即使你看的是UFO的動畫，
看起來也像在查資料。

4 月 27 日　　星期

把視訊會議的虛擬背景弄得很搞笑，

再嚴肅的會議也會很搞笑。

把背景設成猴子山或蛋包飯
來開董事會議吧。

4 月 28 日　　星期

小遊戲：用手勢提醒發言的人他開成靜音。

用手遮住嘴巴、用手摀住耳朵……
回過神時，
就變成非禮勿視、非禮勿聽、
非禮勿言的小遊戲時間。

4 月 29 日 星期

和黃金週連假卻只見紅休的夥伴們一拍即合。

「他們好像有九連休欸！哇喔！羨慕死了！」

酸得起勁。

4 月 30 日 星期

「新業務發掘專案」光是開個專案啟動會議

就滿足了。

還要取一些看起來很考究的專案名稱。

5月

May

5 月 1 日 星期

先找好什麼都可以問的溫柔人事處員工。

年休和蹺班這類便利的制度，

可以去問他們秘技。

5 月 2 日 星期

不說「我會加油」，說「我會做好PDCA」。

最近還有一個OODA循環，

先記下來，故弄玄虛的時候可以用。

譯註：「PDCA」包含「規劃」(Plan)、「執行」(Do)、「查核」(Check)、「行動」(Act)；
「OODA循環」包含「觀察」(Observe)、「調整」(Orient)、「決定」(Decide)、「行動」(Act)。

5 月 3 日 星期

把白板上的資料用手機拍下來，

卻不小心上傳到了IG。

以一種要分享午餐照片的氣勢分享了商業機密。

5 月 4 日 星期

「你在江戶時代就會是代官喔！」，

這種假設語句的讚美要特別注意。

因為是假設，所以怎麼說都可以。
也可能根本不是在稱讚你。

譯註：「代官」是代表主君執行職務的官吏，常有勾結政商、欺負百姓的形象。

5 月 5 日 星期

不要在公司配發的iPhone裡下載龍族拼圖。

會被發現。

5 月 6 日 星期

收假上班當天果斷地分送零食吧。

一猶豫天色就晚了，
會錯過分送時機喔。

5 月 7 日 星期

黃金週連假回來就想不起來被放置的工作。

連哪個資料夾是最新版都忘了。

5 月 8 日 星期

大人被稱讚衣服也會很開心。

盡情稱讚吧。

「是紅色的耶」、「是格紋的耶」，
直接說出看到的樣子就可以了。

5 月 9 日 星期

便當的廚餘不處理好會有味道。

茶水間有股怪味。

5 月 10 日 星期

「跑到垃圾信件匣裡了」就是在找藉口，

請不要戳破。

為了有天自己也會用上。

5 月 11 日 星期

收下收據時也拿出名片。

公司名不同的話會沒辦法報帳。

錢包裡只要放一張
收下收據時用的名片就可以了。

5 月 12 日 星期

被迫要對沒興趣的東西發表感言時就說：

「喜歡的人看到這個會瘋掉吧。」

意思是我沒有喜歡。

5 月 13 日 星期

「永經部」、「業開部」，

這類簡稱的部門名可以營造出一體感。

宇宙系統開發部的簡稱是「宇系開部」。

譯註：「永經部」是永續經營部門；
「業開部」是業務開發部門。

5 月 14 日 星期

現實不會像《半澤直樹》演的那樣。

沒有社長派也沒有專務派。

大人不會面對面辱罵。
只是過一陣子後會讓你覺得：
「原來他那時候是在諷刺啊～」

5 月 15 日 星期

無論哪間公司，會議室裡的白板都有

用麥克筆寫過的痕跡。

有時甚至不是寫在白板上，
而是寫在牆上。

5 月 16 日 星期

試圖傾聽你的上司很噁。

職場書正在流行把好好聽別人說話叫做傾聽。
說話的時候會被對方目不轉睛盯著看。

5 月 17 日 星期

如果報價單上對方的公司名稱太長，印出來會被切掉。

放不下格子裡的超長公司名稱
印出來時被切掉了。

5 月 18 日 星期

不要向顧問諮詢戀愛。

不過試著諮詢一次看看
好像也不錯。

5 月 19 日 星期

遠距辦公太久記錯公司的樓層。

「公司不見了！倒了嗎?!」
稍微驚慌了一下。

5 月 20 日 星期

被同事講私人電話時不同的聲音嚇到。

一邊離開座位，
一邊用沒聽過的甜美聲音講電話。

5 月 21 日 星期

準備要直接去哪裡的時候，

為了方便核對，先寫下目的地。

如果沒寫就直接去的話，之後人事部可能會來問。
為了到時可以流暢回答先做好準備。

5 月 22 日 星期

聽不懂的時候，就重複對方說的話。

即使聽不懂，
也充滿自信地看著對方眼睛，
並重複對方說的話。
這樣總會有辦法的。

5 月 23 日 星期

公事上如果有要用到LINE，請用正常的貼圖。

也可以先說聲

「不好意思，我用的是免費貼圖」。

5 月 24 日 星期

有些部門會叫〇〇組或是〇〇軍團

這樣很像流氓的名字。

日本人只要一放著不管很快就會流氓化。

5 月 25 日 星期

轉職過來的人大都經歷過黑心公司體驗。

光是問他們遭遇了怎樣的慘事
就可以讓聚餐氣氛熱烈。

5 月 26 日 星期

service-in、cut-over、launch、release，
全都是同個意思。

都代表產品、服務或網站上市的意思。
這不是結束而是地獄的開始。

5 月 27 日 星期

電視劇裡的社長秘書很性感，

但真實世界裡的很豪邁。

妥當安排就是他們最重要的任務，
所以總是讓人安心。

5 月 28 日 星期

訪客用 Wi-Fi 的密碼是 1234 的公司

令人倍感親近。

如果是自家公司會有點不安，
別家公司就很直白很讚。

5 月 29 日　　星期

收到名片時表現出在默念和背誦名字的樣子，
但不用真的背。

厲害的上班族好像光默念就可以記得。
辦不到的話模仿他們就好。

5 月 30 日　　星期

在有寫字的白板貼上便利貼。
充滿創意的氛圍感就完成了。

接著再把貼滿便條的白板照上傳
就大功告成。

5 月 31 日 星期

「下次再一起去喝一杯吧」只是客套話，

不用記在行事曆上。

就是類似「賺大錢了吼」、
「還過得去啦」的慣用句。
沒什麼特別意思。

月 日 星期

業界大概都是這樣！職位表

大多數公司	公家單位
社長	大臣・知事
	事務次官・副大臣・長官
董事	局長・政務官・官房長
（執行董事）	部長・審議官
事業部長	～有個人辦公室～
↖ 次長有時會在這	課長・參事官
部長	室長・企劃官
次長	課長（室長）輔佐
部長代理	係長
課長	
課長輔佐	主任 ⎫
課長代理 ← 很少見	主事 ⎬ 太特殊常分不清楚區
組長	主幹 ⎭
主任	
負責人	員工

外資	銀行	用卡拉OK來比喻
母國總公司	頭取	SHIDAX
		PASELA
分公司社長		Big Echo
什麼什麼 Director	部長	JOY SOUND
Partner	分行長	卡拉OK館
Vice President		
Senior Manager		
(有時候還會有		
Senior Vice President)		歌廣場
Manager		招財貓
頭銜膨脹		banban
Assistant Manager	調查役	
	分行長代理	
Account Manager		
Account Executive		自己哼歌
↖ 不厲害！		

用海裡的生物來形容！

懲戒處分一覽

LV1 注意＝燙沙

被人資叫來口頭警告。
以海邊情況來說相當於很燙的沙地。要注意。

LV2 申誡＝螃蟹

會被罵得很慘，但不會影響薪資。
很痛但不會受傷。

LV3 減俸＝海膽

會被降薪。很痛又會流血，後續深受影響。

LV4 停職＝水母

雖然不想去上班，但被說「那就不要來」又會很不安。
薪水也會減少，就當作是被水母刺到，乖乖待在家吧。

LV5 降級＝離岸流

從部長變成課長這種不好受的懲罰。
不要慌張，趕快從可怕的水域中離開吧。

LV6 免職＝藍點章魚

可以領資遣費但會被解僱。
詐騙交通費之類與錢有關的事就會落此下場。

LV7 懲戒解僱＝鯊魚

連資遣費都沒有，直接一發斃命。
侵占、私下販售庫存等，沒有人會原諒的情況。
遇到鯊魚般的事情大條。

6月

June

6 月 1 日 星期

不想做的工作就歸咎於制度禁止與資源不足。

站穩「我很贊成，但因為上司和公司阻撓，
所以沒辦法做」的立場。

6 月 2 日 星期

在公司接電話時不小心說出「我素〇〇」。

還是新人時每個人都體驗過一次。

6 月 3 日 星期

一大早就設定預約發信的郵件來嚇對方。

要約很趕的截止日時，
光是這樣就能讓對方知道事情的嚴重性。

6 月 4 日 星期

說「我會去～」很孩子氣，改成用
「我會進行○○計畫與實行暨事後效果判斷」。

寫成果報告或企劃案的時候用很多漢字
會看起來更像一回事。

6 月 5 日 星期

放進公司冰箱的寶特瓶先寫上名字。

不寫的話會被隨便丟掉。

6 月 6 日 星期

不要為自己加上奇怪的頭銜。

頭銜寫「好奇心股長」之類的，
交換名片的時候會很恥。

6 月 7 日 星期

用文字接龍跳過中間的方式取名

就會很像企劃案的名字。

蘋果、果膠、膠水→蘋果型膠水

突然被叫到要發表點子時就來腦內接龍。

6 月 8 日 星期

有些人很討厭廣告轉換率。

雖然可以用廣告轉換率把很難分析的成果瞎掰過去，

但有些人發現你在瞎掰後會很生氣。

6 月 9 日 星期

被視訊會議時穿著套裝的對方嚇到。

穿著套裝繫上領帶親臨視訊會議。

家人也嚇到了。

6 月 10 日 星期

凡事都先說一句「我會活用區塊鏈技術和AI」。

當然自己也聽不懂。

6 月 11 日 星期

不要在為了破冰準備的閒聊上

聊你踩到狗大便的事。

雖說是閒聊但也不要過度認真。

聊天氣就好。

6 月 12 日 星期

會在社長室打迷你高爾夫球的社長

只活在想像之中。

但是愛拍馬屁的中階主管是真實存在的。

塗指甲油的櫃檯小姐

也（曾經）存在

6 月 13 日 星期

用「這個我覺得〇〇很熟」踢皮球。

「那個是〇〇的專長呢！」邊諂媚邊踢出去。

6 月 14 日 星期

好不容易做好合乎邏輯的預算，

卻在提出前改了數字而出現破綻。

匆匆忙忙加入交際費後預算就爆了。

6 月 15 日 星期

辦公室零食不能免費吃。

總務處通知

「請不要擅自拿辦公室的零食去吃」。

6 月 16 日 星期

保存別家公司很帥的提案報告和報價單起來

哪天模仿。

新增一個「別家的超帥資料」資料夾

來放這些吧。

6 月 17 日 星期

職場書就是努力、友情、勝利。

對上班族來說的JUMP漫畫。

只要努力就有結果這種論點也很像漫畫。

6 月 18 日 星期

企業會館不是超棒就是超爛。

雖然設施超棒但看到紀念品店
在賣印有公司LOGO的商品就萎了。

6 月 19 日 星期

以市場調查為由去逛書店。

在百貨公司閒晃和去星巴克喝咖啡
都是市場調查的一環。

6 月 20 日 星期

把百葉窗硬是拉上去後整個卡住。

把有點歪掉的百葉窗粗暴拉上去後就卡住了。

6 月 21 日 星期

帶去公司的零食還要分給大家，

所以不要選需要自己加餡進去的最中。

最好是可以放在大家桌上的
個別包裝零食。

6 月 22 日 星期

第一筆獎金就拿去買一整模蛋糕吧。

然後用吃咖哩的大湯匙直接挖著吃。

6 月 23 日　　星期

籠統的大哉問會讓你看起來深謀遠慮：

「AI接下來會怎麼樣呢？」

我已經在著眼未來囉。
就像在昭告我可不是閒著沒事幹。

6 月 24 日　　星期

個人剪刀先寫上名字。

不寫的話會被總務處回收進公用文具抽屜。

6 月 25 日　　星期

參與會議的人太多，

收到的名片都可以玩排七了。

把收到的名片按照座位順序放在桌上，
只要超過八個人就像在打牌。

6 月 26 日　　星期

公司有賺錢的話自動販賣機會變成免費的。

這似乎也是一種減稅策略。

6 月 27 日 星期

在一項計畫開始時做了日程表

然後就沒有然後了。

盲點是只做做日程表的話，

怎樣亂來的日程都排得出來。

6 月 28 日 星期

只有交通費不要亂掰。

會被開除的。

和經費有關的事情胡來是大忌。

6 月 29 日 星期

在PPT上放的動畫移到別的電腦就不會動了。

因為不會動
所以在發表會上邊微笑邊焦慮。

6 月 30 日 星期

開放式辦公室也會逐漸變成固定座位。

就像去學生餐廳一段時間後就每次都坐同個位子。

7月

July

7 月 1 日 星期

在視訊會議上大大點頭。

成為小視窗藝人
是現今職場的必備技能。

7 月 2 日 星期

只要和總務處說一聲，

送給公司的蝴蝶蘭也能帶回家。

抱著巨大的蘭花搭電車回家吧。

7 月 3 日 星期

雖然這可能無關……這麼說之後

真的講些無關的事吧。

用這句話當藉口，卻說些有關的事很卑鄙，
所以說些例如「你串烤是烤肉醬派還是撒鹽派？」
這樣無關的事吧。

7 月 4 日 星期

當只有你的位子很冷時就把空調的出風口堵上。

把透明文件夾用封箱膠帶貼上去剛剛好。

7 月 5 日 星期

試試看站起來指著會議資料。

看起來就會幹勁十足。

無論是投影還是紙本資料
總之都站著說明。

7 月 6 日 星期

在早餐會議後熟睡。

沒有人早起吃飽後不會想睡。

7 月 7 日 星期

碎紙機在輪到自己用時滿出來。

因為從沒看過其他人清，
所以一直覺得只有自己在清。
和補廁所衛生紙一樣。

7 月 8 日 星期

歡送會每個人都很痛苦。

對送禮方或收禮方來說都只是麻煩。

7 月 9 日 星期

「要不要辭職啊——」會這樣說的人都不會辭，辭的都是意料之外的人。

突然開始不說「好想辭職喔」
就是辭職的徵兆。

7 月 10 日 星期

下午，真的想睡到不行的時候，去會議室。

設好鬧鐘
才不會被接下來要開會的人發現。

7 月 11 日 星期

總之先把 EXCEL 打開條件化格式。

用用看沒看過的功能吧。

7 月 12 日 星期

喝酒的時候不會有靈感。

本來打算邊喝邊想，
但就只會滿腦子酒。

7 月 13 日　　星期

事先宣布下午三點前之類的死線，就能營造出辦得到的氣氛。

曾經一度流行過用開會將時間分段。

7 月 14 日　　星期

在公司要打好關係的不是上司，而是人事和會計。

當你遇到困難時會來幫助你的
就是這兩個部門。

7 月 15 日　　星期

沒準備資料就說自己在實踐無紙化。

雖然電子化和無紙化是兩回事，
但就混用吧。

7 月 16 日　　星期

絕對不要把事前溝通說成事前買通。

事前溝通是開會前先商量，
事前買通是開會前先賄賂。

7 月 17 日 星期

在公開行事曆先寫上假的預定。

因為空著的話就會被寫上真的預定。

7 月 18 日 星期

就算把全部相關人員都加入電子郵件的CC

也沒有人會看。

但這樣可以分散責任，

讓自己不會成為眾矢之的。

7 月 19 日 星期

在座位上用紙筆做筆記會讓你看起來深思熟慮。

用大張的A3方格紙更有效果。

盡量不要用月曆的背面來寫。

7 月 20 日 星期

沒有證據但想罵人的時候

就說「他對工作沒有愛」。

反過來自己被說的時候當耳邊風就好了。

7 月 21 日　　星期

留金色長髮給人的第一印象不太好，

所以即使是隨便送個預算表都會獲得稱讚。

不良少年撿小狗回家的感覺。

7 月 22 日　　星期

戴上奇怪造型的眼鏡會被人認為是點子王，

對你充滿期待。

比起招搖的髮型或是襯衫，

奇怪的眼鏡更像點子王。

7 月 23 日　　星期

減肥後突然暴瘦的上司反而看起來很不健康。

人到中年突然瘦下來
就會讓人覺得是生病了。

7 月 24 日　　星期

就算你休假兩個禮拜公司也不會不見。

堂堂正正請長假吧。

7 月 25 日　　星期

對開會的同事用全名打招呼很新鮮。

「你說得沒錯，田中賢治。」
被這樣叫的人會嚇一跳。

7 月 26 日　　星期

聽不懂對方說話時就盯著他的眼睛瞧。

一移開視線就會被對方發現你沒聽懂，
所以要採取非常積極的攻勢。

7 月 27 日　星期

鄙人、不才：會用這些詞自稱的人要特別注意。

會寫「雖知不才相當適任」的大叔沒一個正經的。

7 月 28 日　星期

優先、ASAP、盡快……

表示「現在馬上」的用語每間公司都不一樣。

「我差點忘了」是我現在馬上去做的意思。

7 月 29 日 星期

設計公司意外有著

像運動類社團那樣的上下階級。

影像製作、設計、文創，

這些產業因為沒有系統化就變成這樣了。

7 月 30 日 星期

Windows 每次都會在急著出門時開始更新。

毫不猶豫地把電源切掉吧。

因為會如你所想更新完變很怪。

7 月 31 日　　星期

聽到地名就說「那邊也變了很多呢」，

大概都可以聊得下去。

因為沒有地方不會變。

這是石原壯一郎先生教我的。

譯註：石原壯一郎為日本作家，以《大人力養成講座》一書成為暢銷作者，向世人展現「大人」的魅力與深度。

月　　日　　星期

香蕉船的主客位

一般來說主位是離出口很遠、很安全、景色很好的位置。會議室裡的話就是最裡面的位子，電梯裡的話就是最後一排的左側，計程車的話就是駕駛座的後方。

那麼，香蕉船的主位在哪裡呢？
或許未來有一天，你會從事和度假村開發有關的工作，必須與客戶那邊的大人物一起搭乘香蕉船。

如果從「最遠」這個條件思考，那就是最後面的位子，但最後面也是最容易被甩出去的位子，便沒有滿足「安全性」這個條件。
另外，最後面位子的人會完全沐浴在混雜著前面所有人口水的水花中，所以也不適合作為主位。

考量到安全性、景色和口水，香蕉船的主位應該是最前面的位子。

請機靈地提議讓VIP坐在香蕉船上最尊爵不凡的位子吧，這樣你就能受到重用。

關於香蕉船尊爵座位的安排，感謝和田裕美老師的協助。

8月

August

8 月 1 日 星期

都喝完了也不知道為什麼冰箱裡會有啤酒。

聯歡會剩下來的。
喝掉吧。

8 月 2 日 星期

隨便喝訪客用的茶會被發現。

因為管理部都有在記錄庫存。
你應該還有別的事該做吧。

8 月 3 日 星期

樂樂精算、奉行雲，

仔細想想這些公司系統的名稱有夠奇怪。

已經習慣這些奇怪的名字，
可以隨口說出來。

8 月 4 日 星期

當必須稱讚一些其實自己一點興趣都沒有的事時，

就說：「哇好有意思喔。」

什麼話題都可以用的最強回答。

8 月 5 日 星期

ZOOM會議到了預設的四十分鐘就結束吧。

要是延長了會無限繼續下去的。

8 月 6 日 星期

available＝沒工作。很閒。

例：我那天有空＝我那天available。

「裝忙」類似於
「假裝自己很受歡迎」。

8 月 7 日 星期

不要說「很過時」，要說「很經典（legacy）」。

legacy也有遺產的意思，
不過最近開始會被當作稱讚的使用。

8 月 8 日 星期

偶爾也打領帶去公司吧。

會看起來很可靠喔。

被車站腳踏車停車場的管理員稱讚了。

8 月 9 日 星期

職位越高的人吃飯速度越快。

升遷測驗一定有考吃飯速度。

8 月 10 日 星期

不要掛著識別證回家。

偶爾會在電車裡看到掛著的人，
不小心就看了一下他的名字。

8 月 11 日　　星期

不說「我忘記了！」改說「我一時沒有記得」。

這是最常使用的商務用語。
「請忘記」要說「請勿掛念」。

8 月 12 日　　星期

打開卡紙的印表機有個地方超燙。

真的會嚇到欸。

8 月 13 日　　星期

規則是規定細則，記錄是大數據資料，

字越多越像一回事。

計算表程式稱為電子型試算表程式，
之後開始簡稱為「試算」。

8 月 14 日　　星期

「我會盡最快的速度著手進行」

聽起來很像一回事，但代表你根本還沒開始。

在說法上太下工夫，
結果直接說出來反而變得奇怪。

8 月 15 日 星期

考核表的自我評分打最高交出去。

會以那個最高分開始扣，
所以最後的數字還是很好看。

8 月 16 日 星期

不要去當簽賭的組頭。

四十年前的職場裡還有在賭高中棒球賽的人。

8 月 17 日 星期

讓網路攝影機沾上鼻頭的油

就是剛剛好的焦柔濾鏡。

要注意如果開會到一半才沾鼻頭油的話，
會讓大家看到你的鼻子。

8 月 18 日 星期

什麼都沒準備的會議就宣布

「今天來個無紙化、零前置、點子提案大會吧」。

訣竅是挺起胸膛大聲說出來。
畏畏縮縮的話會失敗。

8 月 19 日　　星期

「一早就在和國外Telecon」

是一輩子想說一次的臺詞。

原本以為Telecon是什麼厲害的東西，
結果只是「Teleconference」，遠距會議。

8 月 20 日　　星期

只有小圖的白色T-shirt在視訊會議裡

會很像汗衫。

一直以為這個人都穿汗衫，
結果是很貴的襯衫。

8 月 21 日 星期

假日加班所以穿了短褲去公司，好冷。

終於明白那些總是
在說公司好冷的同事的心情。

8 月 22 日 星期

居家辦公開始後，

公司的傳閱制度就沒辦法進行。

發現客戶更換社長的問候通知信
就算不傳閱也不會有任何問題產生。

8 月 23 日 星期

即使和公司附近咖啡店的店長很熟

也不能幫忙顧店。

同事午休結束後還沒回來，
一問之下才知道去幫忙顧店了。

8 月 24 日 星期

請傳給我＝我忘了請再告訴我一次。

把設計師上傳的草稿轉寄給相關人員叫「上呈」。

8 月 25 日　星期

壓抑住想在生日說明寫「和〇〇同一天！」

來逗人笑的心情。

釋迦摩尼、LAWSON的炸雞君、胖虎
這類讓人意外的人物才可以。

譯註：「談志」為落語家。

8 月 26 日　星期

用公司印表機列印私人用的東西後

要趕快過去拿。

著急到不小心把別人印的東西也拿走了。

8 月 27 日 星期

有人進入某間公司後掌握了公司章，

無論哪家公司都有這樣黑道式的業界傳說。

挪用公款之類的傳說就沒怎麼聽過。

8 月 28 日 星期

在新幹線上工作，才剛進入心流狀態就要下車了。

吃便當、打開筆電、看社群網站、
開始工作、睡一下、再開始工作，
這時候就到目的地了。

8 月 29 日 星期

便利貼越大看起來越有創意。

最大的便利貼尺寸有到A2。

8 月 30 日 星期

有些客戶的公司寄來的信

每次都被系統判定為垃圾信件。

開玩笑取了個很像垃圾信件的主旨寄出後，

就會永遠被判定為垃圾信件，

所以一開始就不要這麼做比較好唷。

8 月 31 日 星期

部長的茶裡被擰抹布水是都市傳說。

現在則是稱為「意外」的大問題。

月 日 星期

馬上就能使用的商務英語會話

這裡整理了用英語開會時能使用的會話。
即使你英語能力零，只要背好這些例句，就可以撐三十分鐘。

●被問問題的時候聽不懂對方在說什麼：

It is a good question but it is difficult.

Do you mean＋重複對方說的話

●總之假裝自己有在思考：

Let me think about it.

●雖然聽得懂對方在問什麼，但自己無法說明，就丟給別人：

Good question! ××× will answer this. He knows well! What do you think about it?

●當被你丟問題的那個人回答之後，別忘記說「對，就是這樣！」：

You are right. That's true.

●接著還要補上「啊——對對。我就是想說那個」：

Oh, I just wanted to say the same thing.

●想要試著回答，但其實是在等別人伸出援手的時候：

How should I say... （等別人說話） You are right!

●老實拜託別人「可不可以說得簡單一點？」的時候：

I almost got it. But, in short?

9月

September

9 月 1 日 星期

思考目標客群很有趣。

目標客群是製作產品時預設的使用者。
會讓人很快就沉浸於妄想之中。

9 月 2 日 星期

公司裡會有至少一臺可以影印的昂貴白板，
但高機率是壞的。

雖然有接印表機但從沒看它動過。

9 月 3 日 星期

用語：順一下（brush up）＝檢查錯字。

無論順幾下，
到正式上場時都還是會被發現錯字。

9 月 4 日 星期

在開會時大受好評的點子
實際執行後沒那麼有趣。

很多時候只是當下大家說得很好笑
但根本無法實現。

9 月 5 日 星期

晚上覺得沒人在便關上電燈，

從會議室傳來「還有人——！」的聲音。

而且有時還是沒什麼講過話的兇臉同事。

9 月 6 日 星期

即使是酒會也不可以把部長的名字

前面加「阿」來暱稱。

部長會記得，
旁邊的人也會記得。

9 月 7 日 星期

當有人開始說「V型復甦」的時候就糟了。

在全公司大會上要是無預警出現V型復甦的圖表
就要特別注意。

譯註：「V型復甦」指某個產品業績下滑一陣子後突然開始大賣，
在營收的圖表上就會呈現V字型的曲線。

9 月 8 日 星期

一旦有人搬出「我們公司的DNA」這種說法
就糟了。

那代表他們已經黔驢技窮了。

9 月 9 日 星期

高階主管因為年紀很大了，

所以一大早開會也沒有問題。

董事會成員從早上開始就精神百倍，

但陪開會的年輕人們低迷成一片。

9 月 10 日 星期

會簽文件的最後，社長後是會計要蓋章。

盲點。

就像撲克牌的大老二，

2才是最強的一樣。

9 月 11 日 星期

朝會無話可說。

因為無話可說，
也有人現在才在自我介紹。

是，那個——
是的，那個——
天氣真好呢

9 月 12 日 星期

試著站在顧客的立場思考吧。
說一些讓人無法反駁的話真輕鬆。

雖然輕鬆，但對話會馬上結束。

……這些之前
就說過了……

9 月 13 日 星期

走後門進來的新人經常意外是好人。

通常都是富裕家庭長大的老實好孩子。

9 月 14 日 星期

無緣無故休息一天會引來眾怒，

但休息一個禮拜大家就會擔心你，對你很溫柔。

突然變溫柔的上司
帶著伴手禮去你家。

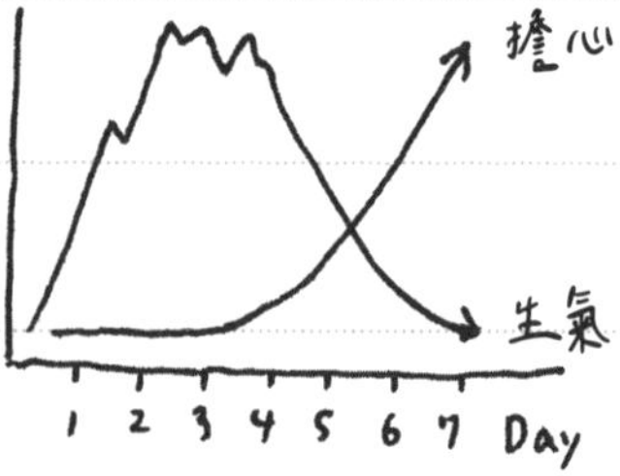

9 月 15 日　　星期

試著把紅海說成血海。

血海聽起來更有市場很嚴峻的氛圍。

9 月 16 日　　星期

用語：行銷漏斗

＝表現留住使用者的方式時所畫的漏斗形圖。

別說成畚斗。

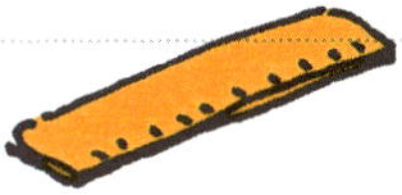

這個則是斗尺

把漏斗寫成畚斗，
資料上出現裝垃圾的用具。

9 月 17 日 星期

市內移動借腳踏車比較快。

在市中心騎腳踏車移動，
常常驚訝發現「原來會從這裡出來嗎？!」

9 月 18 日 星期

品牌風格（Tone&Manner）

＝類似「大概就是這種感覺～」的意思。

解釋成「氛圍」也可以。

9 月 19 日　星期

Clubhouse、Tiktok、Pinterest……

還會不會出現能讓我做個短短美夢的社群呢。

取代推特的社群大概就是這些。

9 月 20 日　星期

「產品推廣大使」聽起來像魔法師，

但通常是穿著卡其褲的大叔。

產品推廣大使是傳達自家產品優點，

類似公關的角色。

是個真實存在的職位。

9 月 21 日　　星期

討論不得結論的時候，就說討論是很重要的。

即使發生爭吵，只要說
「之後也讓我們這樣繼續交換想法吧」
就能總結得很正面。

9 月 22 日　　星期

得出性別和年齡的資料後，就先說這是F1層。

F1層：二十到三十四歲的女性

每次說出 F1 層，
腦中就會響起F1賽車現場轉播的主題曲。

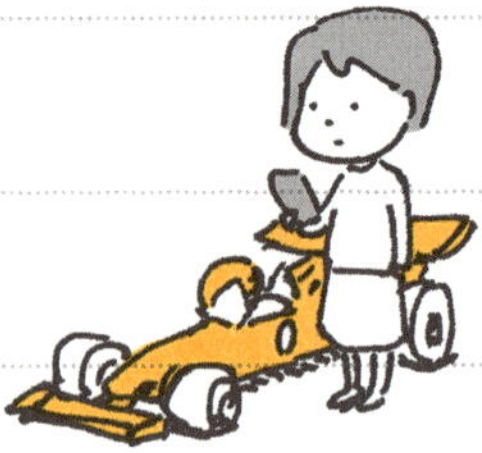

9 月 23 日　星期

雖然有簡陋的視訊會議系統，

卻不知道怎麼用。

在ZOOM這種簡易程式出現前引進的裝置。

9 月 24 日　星期

會被說「雖然他也不是什麼壞人啦」的人

大多都很壞。

真的不壞的人不會被這樣說。

9 月 25 日　星期

約九點五十八分這樣前後不著的時間

反而會記得。

……五十八分……
是幾點五十八分來著……？

但只有第一次有效。

9 月 26 日　星期

線上的話不好討論所以約見面討論，

但見面的時間敲不定所以約線上……

無限輪迴。

話說回來……
今天是說要怎麼討論？

這些我們上個月是不是就討論過了？

只是既視感但其實真的討論過。

9 月 27 日　　星期

跟清潔工聊天時感覺對方飽經世故。

才沒有什麼假裝是清潔工的社長，
真的只是打掃的人。

9 月 28 日　　星期

筆電上貼太多貼紙會很尷尬。

做一個可以把貼紙都擋住的板子，
用雙面膠貼上去吧。

9 月 29 日 星期

不是酒聚，而是meet up、beer bash、kick-off。

外商公司會把企業聯歡稱為beer bash。
吃的當然是披薩。

所以我就
這麼說了啊
正在練習
講笑話

9 月 30 日 星期

用語：資產＝所有物。

不是橡皮擦那類，而是大樓之類超大的東西。

把貼收據的膠水說是你的資產
只會被當成是在諷刺。

這是
我的資產！

10月

October

10 月 1 日 星期

視訊會議上有人因為逆光變成了龐然巨影。

散發 Mr. X的氛圍卻講著極其普通的事
嚇了大家一跳。

10 月 2 日 星期

會議中做的筆記在會議結束的同時送出。

這樣即使內容有錯，也可以因為夠快嚇到大家。

隨著時間經過，
會越來越難把有錯的東西送出去，
所以有錯的話越快送出越好。

10 月 3 日 星期

一時興起把私人信箱取什麼 genkidayo-n，

用那個信箱聯絡公事時會很尷尬。

看到高冷的客戶取了這樣國中生的帳號

不禁怦然心動。

譯註：「genkidayo-n」是日文有點裝可愛的「我很好」。

10 月 4 日 星期

聊聊視訊會議中對方背景裡出現的東西吧。

因為對方會把想給你看的東西放在背後，

所以和他聊聊吧。

那些相機啊模型啊什麼的。

10 月 5 日　星期

不要說全員棒球，要說全體集合。

雖然意思是大家一起加油，
但到底為什麼要用棒球當例子，至今還是個謎。

譯註：「全員棒球」是曾於日本企業流行的用語。
指場上場下的人要同心協力、團結一致。

10 月 6 日　星期

公司的宴會上，派對道具不可或缺。

營運部長帶著超大領結站在那裡。
好難吐槽。

10 月 7 日 星期

開放創新、演示實驗，就像宇宙事業一樣

都散發著不太妙的味道。

太積極的話，

就很有可能某天成為企劃的負責人。

10 月 8 日 星期

在廁所刷完牙後，把牙刷的水甩乾。

不把水甩乾就放進盒子裡會發臭。

10 月 9 日 星期

以前叫做AIDMA，但最近流行稱為

「顧客旅程（Customer journey）」。

終於變成一趟旅程了。

商務用語也算流行語的一種，

半開玩笑地跟風吧。

譯註：「AIDMA」指消費者從聽說商品到購入的各個階段，分別是「注意」（Attention）、「關心」（Interest）、「欲求」（Desire）、「記憶」（Memory）、「行動」（Action）。

10 月 10 日 星期

出差到筑波附近最累人。

如果是遠到要搭新幹線或飛機的地方會很有幹勁，

但若是要搭兩個小時的在來線就太無聊了。

譯註：「在來線」指時速兩百公里以下的列車。

10 月 11 日 星期

用語：股東。

無論在社內還是社外遇到都很煩的人。

如果不事先和他們打好招呼，
他們就會鬧彆扭、聲音很大之類的，
很像小孩子。

10 月 12 日 星期

被新冠肺炎時入職的人沒戴口罩的臉嚇到。

過去只看過戴口罩的樣子，
被沒戴口罩同事的臉嚇到。

10 月 13 日 星期

用語：擔保（commit）＝牽涉到某人。

出席會議已經算是很大的擔保了。

就算一句話都不說，
光是出席同個會議，
也可以稱為擔保。

10 月 14 日 星期

附檔的名稱老實取了「經費增加20％版.xls」，

列印的時候會被印出來。

先設定好列印的時候不顯示檔案名稱。

10 月 15 日　　星期

會議上無話可說時，

就把看到的東西直接說出來。

男公關曾說過人身上會有想讓其他人看見的東西，
所以就稱讚那個吧。

10 月 16 日　　星期

不要玩推車。

把手會很快歪掉。

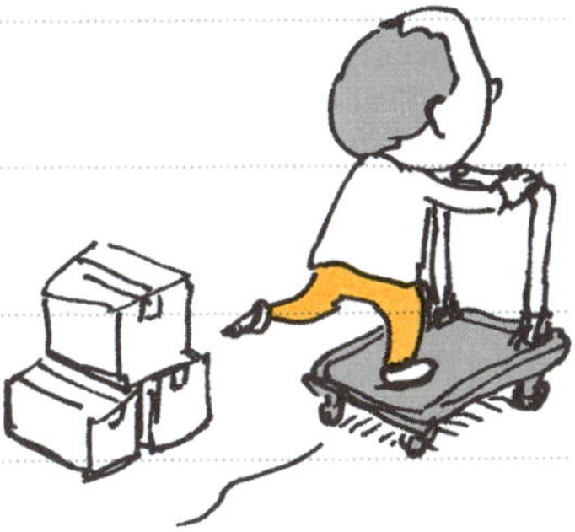

10 月 17 日 星期

深夜加班時，談辦公室戀愛的情侶以為沒人在，開始打情罵俏起來。

為了讓他們知道自己還在
清了超多次嗓子。

10 月 18 日 星期

比起PPT，用Google簡報會看起來更厲害。

新工具出來時一定要用新的，
看起來才厲害。

10 月 19 日　　星期

「麻煩讓它爆紅吧」和

「每棒都要全壘打喔」同樣意思。

說的人只是隨便說說，
所以大概回個「我知道啦～」就好了。

10 月 20 日　　星期

在開會前宣布「今天以昭和風來進行吧」。

目的只是要讓大家嚇一跳而已，
沒什麼特別意義。

10 月 21 日　　　星期

不擅長電腦的人看起來很蠻頹，

不擅長講電話的人看起來很羸弱。

不擅長講電話就把要講的東西寫在紙上，
然後一個人去會議室講。

10 月 22 日　　　星期

戶外可以視訊會議的地方很少，

邊走邊開會意外不錯。

也有邊走邊說「還少兩千萬」
這種要事的人。

10 月 23 日 星期

參加線上研討會到一半就膩了。

沒人不膩。

10 月 24 日 星期

為了讓到預約時間還在會議室裡的人感受壓力，把臉緊緊貼上玻璃窗。

這世上分為兩種人。
一種是在自己預約了的會議室附近徘徊的人，
另一種是沒預約就在用會議室的人。

10 月 25 日　　星期

新的 Windows 沒接龍可玩。

曾有過用公司電腦玩遊戲的悠遊年代。

10 月 26 日　　星期

用語：engagement＝英文是訂婚的意思，

但在社群網站市場分析是指按讚的意思。

真輕浮。

只是按個讚就跟人訂婚了。

10 月 27 日　　星期

右眼腫起來了。補牙的東西掉了。

裝病的理由要具體。

一不做二不休，絕對不能內疚。

10 月 28 日　　星期

對動畫、YouTube、Vtuber很熟，

就會成為公司內大家徵詢意見的人。

只要得到「對現在文化很熟的年輕人」的稱號，

就可以過得很順遂。

10 月 29 日　　星期

東西還不成氣候的階段稱為

「育成期」、「早期」、「投資期」。

只要有成形前的流程圖和里程碑，
就暫且可以放心。

10 月 30 日　　星期

只為了傳真而去公司一趟。

傳真是現代最困難的通訊方式。
像在舉行儀式一樣。

10 月 31 日 星期

大叔滑手機的動作很大。

像是要把東西從手機裡甩出來那樣
用指頭咻咻滑著。

月 日 星期

伴手禮OK・NG表

能幹的上班族會帶伴手禮去開會。

（別忘記拿伴手禮的收據去報帳。）

不過，並不是隨便帶什麼伴手禮去都好。

這裡整理了OK和NG的東西。

OK區

● 個別包裝的零食（YOKUMOKU雪茄蛋捲、銀座WEST餅乾）

● 晴王麝香葡萄

→不會弄髒手，類似個別包裝零食的水果。

微妙區

（雖然NG，但視與對方的關係和場合，也可能OK的東西）

● 要自己加餡的最中

→如果你與對方是會讓他說出「還真是有點麻煩！（笑）」的關係就OK。

● 馬卡龍

→要冰，如果對方那裡有冰箱就可以。

NG區

● 整模或整條蛋糕

→需要切。

　對方公司如果沒有刀盤，就會需要用便利商店拿到的筷子來分食。

● 香蕉

→雖然和晴王麝香葡萄一樣是個別包裝的水果，但送這個有點原始。

● 罐裝啤酒

→客戶家不是朋友家。

11月

November

11 月 1 日 星期

原本以為扣掉源泉稅後繳納額的數字會很漂亮，

但因為計算錯誤變成要付一個不上不下的數字。

本來只要付22,222圓，就可以剛好匯20,000圓，

但因為還有源泉稅以外的計算而變得很複雜。

譯註：「源泉稅」是日本所得稅的一種。

11 月 2 日 星期

不要在辦公桌上放百圓商店買的架子。

會變得很居家。

雖然方便，

但那個塑膠質感會散發出家的味道。

11 月 3 日 星期

無論什麼都寫進四象限分析表裡面。

光是寫上去就很像一回事。
縱軸寫「美味度」或「傷心度」也可以。

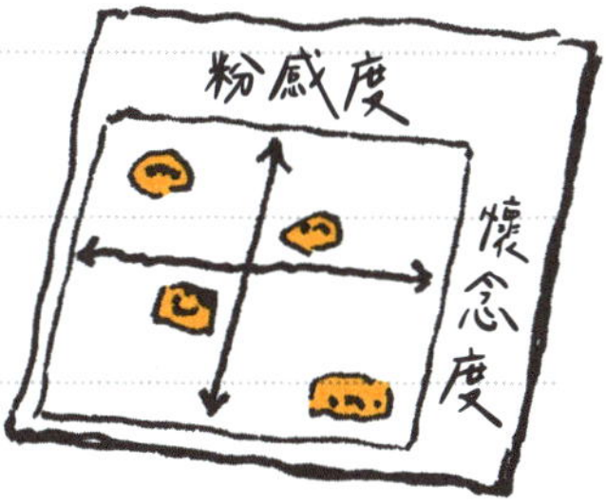

11 月 4 日 星期

公司的個人置物櫃就像一個人的家。

有些人的置物櫃一打開，文件堆就雪崩。

11 月 5 日 星期

時髦的公司有撞球桌但沒人打。

不久後就撤掉，變成開會空間。

11 月 6 日 星期

在知道根本無關的前提下說這就是八二法則。

不知道也說這就是。

如果被人反問
就甩鍋說「關於這個K很熟」。

譯註：「八二法則」指僅有百分之二十的因素會影響百分之八十的結果。

11 月 7 日 星期

只要知道公司樓層的電燈開法和

冷氣的操作方式就會備受尊敬。

本來想打開燈卻不小心全部關掉了。

11 月 8 日 星期

跟隔壁公司借充筆電可以，但不要充手機。

回去之後被說了「你剛剛在充電齁」。

11 月 9 日 星期

會議上提議休息五分鐘——在你想上廁所的時候。

「開會一小時休息一次能提高效率」，
隨便找些藉口。

11 月 10 日 星期

用插畫屋網站的插畫會讓資料看起來隨處可見。

全都看起來一樣。

譯註：「插畫屋（いらすとや）」是日本提供免費插畫素材的網站。

11 月 11 日 星期

不存在那種會從你背後用飲料碰你臉的上司。

日劇中下班後同事們聚集在某家店裡，
這種事也不存在。

11 月 12 日 星期

因為想要整理成5C或是3S之類的，

所以硬是加了一兩項進去。

曾經有人想整理成幾C，
所以把月曆（Calender）加進去。

11 月 13 日 星期

不要吃咖哩便當。

整層樓都會是咖哩味。

那個，我要去
常常有咖哩味的……
啊，是六樓吧

11 月 14 日 星期

商務休閒風不是休閒風。

不可以穿帽T。

休閒風警察

11 月 15 日 星期

在討論著作權的會議上提到著作人格權

就會讓人覺得你很懂，

但很容易在講的時候大舌頭。

讓你營造出的著作權高手feel功虧一簣。

11 月 16 日 星期

沒有社史編纂室。

雖然在漫畫設定裡以肥缺出名，
但其實並不存在。

11 月 17 日 星期

說明會後如果沒人發問，現場會很冷，

所以試著說說看「沒有問題的人請舉手」。

然後說「所以大家都有問題呢」來緩和氣氛。
老實說真的提問會被討厭。

覺得我主持
很無聊的人
請舉手

11 月 18 日 星期

不會有穿著和服拄著拐杖的會長，

也不會有假裝成清潔工的社長。

更沒有把進口車鑰匙甩來甩去的社長兒子。

新人同事也不會是
組長的兒子

11 月 19 日　　星期

用語：Pivot，戰略轉向。

咖啡店某天突然變成居酒屋的意思。

講膩了的用語可以改講英文真方便。

Pivot公司董事長

11 月 20 日　　星期

隨便拿別人位子的衛生紙時拿到最後一張就糟了。

快去樓下的便利商店買吧。

或是從另一個衛生紙盒裡
移植一張來

11 月 21 日　　星期

把抱怨寫在Facebook設成只有自己看得到。

如果在社群網站上寫別人的壞話，
其他人會覺得你是「會講別人壞話的人」。

11 月 22 日　　星期

說「核心價值目的」是自己的生存意義會顯得很有魄力。

回覆郵件和訊息時可以用「押忍」，
但「夜露死苦」就太超過了。

譯註：「押忍」是日本年輕上班族回應或打招呼的用語；
　　　「夜露死苦」意思是「請多多指教」，多為暴走族使用。

11 月 23 日　　星期

聚餐說有空就去的人永遠不會去。

說有空就去的人從來沒去過。

能申請到經費的話
就幫你申請

11 月 24 日　　星期

在會議上提議「我們不要搜尋，直接用想的吧」。

讓那些搜尋到別人提議過的點子後說
「別家已經做過了」的人閉嘴。

好！大家
把眼睛閉上！

11 月 25 日 星期

搬家部長、EXCEL大師，

這種華麗的頭銜就是苦差事。

讓你做太多討厭工作的內疚感

造就了這些誇張的頭銜。

11 月 26 日 星期

員工專用的會議室，很有趣但很難講話。

光是躺在軟軟的沙發上就過了兩分鐘。

11 月 27 日 星期

在防災演習上盡情玩樂。

盡情大叫：「失火啦！」

11 月 28 日 星期

「促進繁榮」這個詞在會議上出現時請準備逃走。

這是恐怖企劃案即將大量出現的關鍵詞。

11 月 29 日　　星期

個別調查稱作「傾聽式可行性調查」。

閒聊稱為「腦力激盪」。

都是表示打混摸魚的商務用語。

11 月 30 日　　星期

早上在辦公室喝運動飲料的人大多正在宿醉。

這只是我個人的觀察，
但還滿準的。

12月

December

12 月 1 日 星期

要把指涉的範圍變大，

就把主詞改成「哺乳類」。

在打工徵人上寫了
「只要是哺乳類就OK」的店長
被老闆罵了。

接下來
把兩棲類也納入

12 月 2 日 星期

要催東西的時候，

就寫「真抱歉好像在催你」。

在最後加上
「雖然就是在催你沒錯♡」。
從頭誠懇到尾。

……哪裡哪裡
抱歉我才是
好像在找藉口♡

12 月 3 日 星期

打開字典，敲著計算機，看著電腦，

看起來就好像在查什麼。

雖然電腦也有計算機，
但用真的計算機會更像一回事。

12 月 4 日 星期

把牆壁全換成白板後，

就出現寫字在真的牆壁上的人。

硬是要把字擦掉，
結果滲進去弄得更髒了。

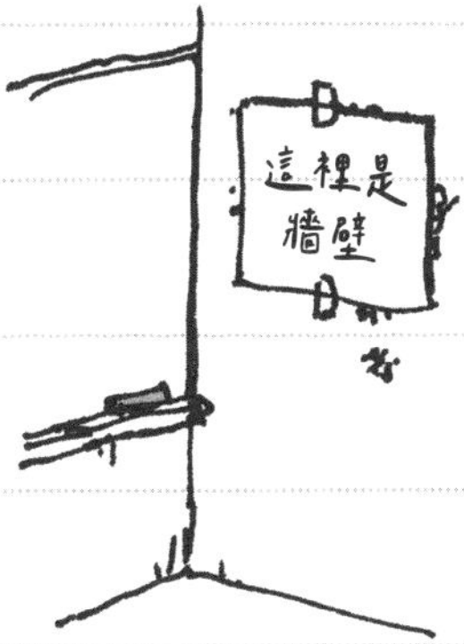

12 月 5 日 星期

無論如何都想推掉的工作就說
「那天剛好水電工要來」。

那天剛好要舉行
贖罪儀式……

「那天剛好要帶我母親去醫院」、
「啊，那天我要開庭」也OK。

12 月 6 日 星期

說「天才！」來代替普通的附和
就不會造成不愉快。

「天真！」
就會變成在罵人

會變成「你這傢伙真是天才！」、
「給我差不多一點啦你這天才！」
這樣有點微妙的語境。

12 月 7 日 星期

把四頁的資料縮小整理在一張A3紙裡

看起來就有點厲害。

「看起來有點厲害」，

不只適用於學校，在公司也有奇效。

12 月 8 日 星期

數字未達標準的報告，

盡量多用使用者評論之類的定性資料。

「用起來很方便」之類的。

雖然只是「n=1」（一位顧客），

但給人的印象就很好。

譯註：「定性資料」是相對於定量資料，以文字或圖像而非數值為主的資料。

12 月 9 日 星期

出差地的商務旅館常常插座很少，

最好帶延長線去。

一直踩到放在房間獨立衛浴門口旁邊

充電的手機。

12 月 10 日 星期

比起公司內部機密，

相關人士內部機密的機密性更高。

要你「小心處理」，

不是叫你真的去處理的意思。

12 月 11 日 星期

戴著耳機麥克風假裝在開會，

但其實在聽音樂。

在公司戴耳機需要勇氣，

但耳機麥克風就沒關係。

12 月 12 日 星期

發獎金後很多人就不幹了。

不斷有閃電離職的人在發零食，

不愁吃穿。

12 月 13 日 星期

不想勉強自己的時候，

就說我這是為了生態永續發展。

感覺快幹不下去了

＝需要準備可以讓我繼續運轉的東西。

12 月 14 日 星期

員工合宿時有望的新人會一直被叫去打雜。

被叫去買開會後要吃的點心。

12 月 15 日 星期

社長的部落格寫得結結巴巴。

標點符號太多看起來很奇怪。

12 月 16 日 星期

「本來應該直接拜訪您的」

然後就真的來了會嚇到人。

跟「如果是我誤解了還請見諒」
是同樣的常用句。

12 月 17 日 星期

轉接的時候不小心掛斷了。

新人的必經過程。
老鳥有時也會。

12 月 18 日 星期

企業內刊的自我介紹不要寫太細。

看到變裝或派對上很鬧的照片
會讓人心疼。

放「我與愛犬」
就剛剛好

12 月 19 日 星期

說這不是你一個人的錯卻告訴會議上所有人，

是一種屈辱。

到底該以什麼樣的表情參加這種會議啊。

12 月 20 日 星期

有些大樓的窗戶亂開的話保全會過來。

還有一些不能亂開的門。

12 月 21 日　　星期

想推推車從大樓正門進去的話會被阻止。

要從地下室像是格鬥俱樂部入口的「貨倉」進來。

12 月 22 日　　星期

有個秘密小房間被叫做說教房。

實際上不會在那邊說教，
而是在那邊貼勘誤貼紙。

12 月 23 日　　星期

一直有不認識的西裝人士在社內走動

就是在查稅。

大多會占據會議室一個禮拜

在那裡看文件。

12 月 24 日　　星期

電腦寄出的郵件也寫上

「從我的iPhone傳送」來裝忙。

在辦公桌前寄出

「因為還在移動中，

待我確認後回覆」。

12 月 25 日　　星期

當開始以「人財」代稱人才，

以「志業」代稱工作，就趕快逃吧。

再多待一下就要買社長寫的書了。

譯註：「人財」指能為公司帶來財富的員工。

12 月 26 日　　星期

到了年末，所有工作都延後到明年再做，

但明年也不會做。

跨年後所有工作都忘得一乾二淨。

12 月 27 日　　星期

別辦尾牙，改辦春酒。

跨年後會突然變很閒，
所以辦春酒比較開心。

12 月 28 日　　星期

增進協同合作。

就是和其他部門的人去吃磯丸水產。

協同合作是糾纏職員的詛咒。

12 月 29 日 星期

「因為剛好在這附近」是類似

「我去找你」的短話長說版。

頑強的業務這麼說後，

無論倉庫或是深林都會找到你。

12 月 30 日 星期

「請在今年做完」的工作

今天送出就算勉強趕上（才沒趕上）。

到了年末，因為都沒人來催，

所以工作進展順利。

12 月 31 日 星期

放假期間包包裡出現本來打算在家裡做的工作。

甚至想不起來這些是要幹嘛的。

月 日 星期

催東西時可以用的句型

工作上催別人比被人催還辛苦。

這裡準備了一些可以讓你不再只會問「進度怎麼樣了？」的句型。

- 我突然想到，那個您說您已經寄給我了對嗎？
- 我已經讓相關人員做好準備以便隨時進行。不好意思聽起來很像在催您。（就是在催！）
- 上司每五分鐘就會問我收到了沒。我自己是沒那麼在意啦，但您那邊如何了？
- 我已經協調好相關部門的時間，確定明天早上之前就可以了。所以請明早一定要交！
- 因為拜見您的社群網站時看到您有發文，猜想您可能已經完成了吧！所以很開心地來聯絡您。
- 可能是我這邊網路的問題，好像還沒有收到呢。
- 法務那邊正在密切關注是否延遲，我已經向他們說明了。還請盡早處理，拜託您了。
- 雖然孩子的慶生會不去也沒關係，但若能盡早收到，我會非常感激。
- 今早，我甚至還夢到您了。

1月

January

1 月 1 日 星期

不要因為新年很有幹勁

就把對工作的決心寫在社群網站上。

就算寫了，

到開始工作的時候就沒那個心情了。

1 月 2 日 星期

向親戚大叔解釋自己的工作好幾次，

他也不會記得。

他也沒打算記得，敷衍回答就好。

1 月 3 日 星期

到一月底前都不要忘記新年的幹勁。

從休息到一月十號左右的店家那裡獲得了勇氣。

1 月 4 日 星期

忘記帶識別證進不了辦公室而站在走廊的人

是假期結束的風物詩。

心念一轉換了包包後，
忘記把識別證放進去。

譯註：「風物詩」指季節裡具代表性、能讓人聯想到該季節的事物。

1 月 5 日 星期

被要求工作要寫在便條紙上，

寫在真的很小張的便條紙上就被罵了。

大人稱那些寫在A4紙上的也叫便條。

1 月 6 日 星期

站立式辦公桌、瑜伽球椅之類的

曾經在辦公室流行，但很快就沒了。

回想起來真是好瘋。

1 月 7 日 星期

不要在公司用暴走貓的鉛筆盒。

你的小名會變成「暴走貓」喔。

譯註：「暴走貓」是暴走族打扮的貓咪角色。
「人魚漢頓」是日本三麗鷗公司的人魚角色。

1 月 8 日 星期

且戰且走就是「邊跑邊想」、「敏捷開發」。

老實說跑的時候根本沒辦法想。

1 月 9 日 星期

在樓梯間摸魚的時候

會遇到主管為了健康爬樓梯上來。

如果剛好在打情罵俏就尷尬了。

主管也會尷尬。

1 月 10 日 星期

沒被拜託就不要在社群網站上寫

給新人的一段話。

你的那份熱情不曉得可不可以拿來發電。

1 月 11 日 星期

即使上司說「五分鐘能完成嗎？」

五分鐘也做不完。

大概都要花三十分鐘以上。

上司因為時間膨脹效應感覺只需要五分鐘。

譯註：「時間膨脹效應」指以接近光速運行時，時間會感覺起來變得很快。

1 月 12 日 星期

只要有一點點新東西就說是革新吧。

換一間會議室和打開窗戶都是革新。

1 月 13 日 星期

寫白板時在中間寫上關鍵字，再繞著周圍寫。

中間要寫「value」之類抽象的東西。
不要寫飯糰。

1 月 14 日 星期

健康檢查時遇到穿著健檢服的同事很害羞。

再怎麼精明的人
穿上後都會變得和藹可親，
這就是健檢服的威力。

1 月 15 日 星期

上臺報告時只看著微笑的人。

看到有人臭臉會很挫折。

1 月 16 日 星期

拒絕工作時就推託給上司、預算、相關公司。

就說「如果我是社長的話馬上就答應了」。

1 月 17 日 星期

不要說議題，要說agenda和issue。

範例：

今日社區會議的agenda是有關盆踊，

issue是怎麼炒熱氣氛。

1 月 18 日 星期

可視化→做成圖表。

雖然數字也看得到啦。

1 月 19 日 星期

邊走邊開會很新鮮，但會忘記做會議記錄。

忘記記錄討論的東西，
變成只是一段愉快的時光。

1 月 20 日 星期

先專精最後一個走時要做的事。

要趕最後一班車
卻不曉得公司大門的關法讓車跑了。

1 月 21 日 星期

「有賺錢嗎？」只是問候語，不需要認真思考。

回答「還行啦」就OK。

損益表也不用確認，

大概寫一下就好。

比你的公司多啦

1 月 22 日 星期

上司說什麼都回「我知道了！」，

但不用真的去做。

一開始會被罵，過一陣子後對方就會放棄了。

比結果更重要的是回答！

1 月 23 日　　星期

要和書的作者見面時，

事先把書上貼滿便條紙。

製造你超認真在讀的感覺。

1 月 24 日　　星期

信封和紙袋都先拿好自己要用的份。

去找總務處申請意外麻煩。

1 月 25 日　　星期

被要求提企劃案的時候，

總之就先說：「來做空中鞦韆吧！」

先把餅畫大再慢慢改的符合現實。

1 月 26 日　　星期

不要啪啪啪開關會議桌中間的洞。

放延長線時總會想打開看看。

1 月 27 日　　星期

就算之前超級忙，

也想不起來為什麼那麼忙。

看到社群網站上自己之前忙到很煩的發文有點害羞。

1 月 28 日　　星期

確保開會人數意外重要。

千萬不要變成六對一之類的。

聯誼也是。

報名方的人如果太多很尷尬，

舉辦方的人太多也很恐怖。

1 月 29 日 星期

看手機會讓人覺得你在玩，

但拿著兩臺以上看起來就像在測試。

如果拿超過六臺就會像在從事奇怪的工作。

1 月 30 日 星期

知道很多「謝謝」的說法在回信時很方便。

「太感謝了」、「幫了大忙」，
熟了之後也可以穿插使用「多謝」之類的。

1 月 31 日 星期

雖然會議室是大片落地窗也不要盯著裡面瞧。

就算裡面出現奇怪的機器也要努力忍耐。

月 日 星期

①　年　月　日

各位相關人士

②部門名稱
自己的名字

關於 ③ 事件的始末以及防止再犯檢討報告

關於前次，④ 事件的發生，造成各位相關人士極大不便與擔憂，本人深感抱歉。

以下報告事件始末，以及整理防止再犯措施。

下記

1. 事件過程：
此次事件的過程如下。

⑤

2. 調查及原因：
關於此次事件，⑥，推測可以歸因於
⑦。
會將此次事件的結果 ⑧，今後將會致力於
⑨ 之類的政策。
同時會進行 ⑩。
屆時將會重新探討 ⑪
的可能性。
此次事件 ⑫。

報告如上

防止再犯檢討報告的寫法

照以下的順序填寫防止再犯措施吧。

①日期

②部門名稱、自己的名字

③④標題

關於○○交貨延誤、不良品出現之類的，這裡要老實寫。

⑤事件說明：「此次事件的過程如下。」

這裡就輕描淡寫填一下發生的事，要營造出這不是事件而是意外的偶發感，才能卸責。

⑥開頭：「關於此次事件～」

「聽取相關人士的說法後」

「仔細調查那期間的紀錄後」

「整理了事實關係後」

⑦輕描淡寫指出原因：「推測可以歸因於～」

「錯誤的認知判斷」

「與負責部門的溝通不足、人力資源不足」

「太依賴單獨一個人的技能」

⑧把知道的事告訴大家：「會將此次事件的結果～」

「告知相關人士」

「進行資訊同步」

「舉辦告知的會議」

⑨馬上可以進行的政策：「今後會致力於～之類的政策」
「切記留意細節」
「遵循主管的判斷」
「持續提醒」

⑩也會做一些長時間的政策：「同時會進行～」
「確立多重檢查的體制」
「業務流程的檢討」
「文件的整備」

⑪還會更努力的地方：「屆時將會重新探討～的可能性。」
「邀請公司外的專業人員舉辦讀書會及演講」
「為了更理解文件內容實施數位學習」
「納入品質管理部門的合作，設立闡述意見的管道」

⑫結語：「此次事件～」
「希望能將之視為整個組織的問題。」
「將繼續基於失效安全的考量尋求改善。」
「虛心接受其結果並繼續進行組織的風氣改革。」

1573年1月13日

各位相關人士

丹後國 漁會
林雄司

關於 蒲島太郎先生急速老化 事件的始末以及防止再犯檢討報告

關於前次，蒲島太郎先生急速老化 事件的發生，造成各位相關人士極大不便與擔憂，本人深感抱歉。

以下報告事件始末，以及整理防止再犯措施。

下記

1. 事件過程：

此次事件的過程如下。

「蒲島太郎先生訪問設施『龍宮城』。歸宅時致贈伴手禮（該物件稱為『玉手箱』）」，並於當時被口頭告知注意事項：「絕對不可以打開」。回到自家附近的浦島太郎先生將伴手禮打開，並於之後確認本人發生了老化事件。

2. 調查及原因：

關於此次事件，聽取相關人士的說法後，推測可以歸因於錯誤的認知判斷（忘記『絕對不可以打開』的指示）。

會將此次事件的結果 進行資訊同步，今後將會致力於遵循主管的判斷 之類的政策。

同時會進行 文件的整備。

屆時將會重新探討 邀請公司外的專業人員舉辦讀書會及演講 的可能性。

此次事件 虛心接受其結果並繼續進行組織的風氣改革。

報告如上

那個……
請讀一下這個♡

2月

February

2 月 1 日 星期

視訊會議時，分享畫面結束後，

臉大大出現在鏡頭前很害羞。

為了看清楚資料把臉湊近螢幕，
就剛好在這個時候畫面分享結束，
自己的大臉唰地出現。

2 月 2 日 星期

剛有人用過的會議室空氣熱騰騰。

習慣之後
連剛剛是誰在會議室都聞得出來。

2 月 3 日 星期

把鞋子放到印表機上影印很有趣。

每晚都去影印鞋子，
然後裝在名為「鞋子」的資料夾裡。

2 月 4 日 星期

自動咖啡販賣機的紙杯沒有出來。

出狀況時新人和社長都是平等的。

紙杯沒出來只能無力看著咖啡嘩啦流出來。

2 月 5 日 星期

在公司過夜時用腳可以伸直的姿勢睡。

不伸直腳睡的話，身體會痠痛得嘎吱嘎吱，
就算有睡也會以體力歸零的狀態醒來。

2 月 6 日 星期

企業聯歡不要喝過頭。

喝過頭會連跟誰聯歡過都不記得。

不認識的人寄來「昨天謝謝您了」的郵件。

2 月 7 日 星期

超過死線就說「沒想到是日本時間啊」。

只要說「我以為是夏威夷時間呢～」
就可以多爭取十九個小時。

2 月 8 日 星期

用忘記附檔來爭取時間。

最近Gmail如果信裡出現「附檔」
卻沒有附檔會跳出警告，無視。

2 月 9 日 星期

開會時，要阻止那些說到忘我的人，

就舉手問問題。

對打斷那些開會時一直講話的人
很有效果。

是作家井上Masaki老師教我的。

2 月 10 日 星期

債務、債權，不是再來一碗的意思。

債務金是比再來一碗更重要且更麻煩的事。

2 月 11 日 星期

做圖表時用累計數值，看起來幾乎都會向上。

但出現負成長時就不一定了。

或是把圖表放成斜的

2 月 12 日 星期

用地名稱呼公司就會聽起來跟那裡很熟。

母公司、行政機關，這類一定要聽命行事的機構
很容易被這樣叫。

「蒲田」那邊
終於要
行動了嗎……

2 月 13 日 星期

上臺報告時模仿你認識的吊兒郎當的人。

那些「說出來好像笨蛋」的臺詞
也可以滔滔不絕。

2 月 14 日 星期

公司的保全系統太嚴密，

連客人上廁所都得陪著去。

雖說是因為沒有識別證就開不了門，
但還是不太能接受。

2 月 15 日 星期

上司的家再遠，

也不要說「我去那裡的海邊玩過」。

不要說「我去那裡吃過海鮮丼！」。

2 月 16 日 星期

把精算文件努力貼滿收據變成坐墊。

因為電子簿記法的出現而逐漸失傳的技能。

2 月 17 日 星期

看到磁碟片說出「好懷念喔——」

代表你是老鳥。

老鳥員工抽屜出現的磁碟片
會定期引發話題。

人稱「磁碟片部長」
原因：容量很小

2 月 18 日 星期

考核表上把未達成和達成的事項寫在一起。

不要寫「沒達成～」，
要寫「雖然沒達成～但是達成了～」，
營造不甘心的語境。

心情上算是
達成了啦！

2 月 19 日 星期

從用什麼軟體開線上會議

就能知道該公司的風氣。

Teams是大公司，Meet是IT公司，
ZOOM大多是氣氛歡樂的公司。

2 月 20 日 星期

不參加派對不代表會很晚出人頭地。

有時候參加了情況反而可能更糟。

例如對上司說了不該說的話、
對上司的作為感到幻滅等，
弊大於利。

2 月 21 日　星期

出現沒辦法判斷的事件時，盡量仔細蒐集資訊。

過程中就會忘掉了。

在蒐集資訊的時候就忘記問題是什麼了。

……這裡是……哪裡？
……我是誰……

2 月 22 日　星期

討厭的會議就以出演搞笑劇的心情參加。

進入會議室之前先說「搞笑．會議」，
心情就會馬上好起來。

我說
有沒有要幹啊你——!!

2 月 23 日　　星期

幫同事按讚大概等於「我有在看唷～」的意思。

即使不覺得有什麼讚還是要面無表情按下去。

2 月 24 日　　星期

辦公室內部換座位時出現了一年前的請款單。

事情大概會自己解決所以就丟了。

2 月 25 日　星期

禮拜五下午的說明會和展覽去完就直接回家。

也有沒去就直接回家的強者。

大家去哪了……
……全都去說明會？

2 月 26 日　星期

做不好的地方就說「你還很有潛力」。

「你只有潛力」會變成說壞話。

如果是戰國時代
你早就出人頭地了呢！

「如果是去年的話就會成功了呢」、
「美國人的話可能會喜歡」
不要這樣拐彎抹角。

2 月 27 日　　星期

多用三個字簡稱，例如 MTG、FYI。

副總經理是HBD。

事業部經理會被叫做JB，
就像在叫詹姆士・布朗（James Brown）一樣。

譯註：MTG 是英文「meeting」（會議）的縮寫；FYI 是英文「for your information」（提供參考）的縮寫；BD 是日文拼音「Hon Buchou Dairi」（本部長代理）的縮寫；JB 是日文拼音「Jigyou Buchou」（事業部長）的縮寫；YKK 是日文拼音「Yukyuu Kyuuka」（有給休假）的縮寫。

2 月 28 日　　星期

提議站著開會。

提議改變開會方式會讓你看起來很積極。

能100%拒絕上司指派工作的藉口大全

「那天有檀家的集會。」

能感受到你深受傳統社會信條所制。對方沒辦法拒絕。

譯註：「檀家」是佛教制度用語，指以家為單位投信某一寺院。

「我要去成田接人。」

一定是要去接不熟悉日本的貴客。
必須拿著板子站在現場才行。

「那天剛好是最終選拔。」

對方除了會驚訝「你還從事那種活動喔？」外，應該還會幫你加油。

「那天要和孩子見面。」

對方不會再過問更多，也不會有人敢說「那個約可以改時間嗎？」。

「必須帶老家的狗狗去醫院。」

就設定成「我家的狗狗不由我帶去的話會咬人」吧。

「啊，那天要去開庭。」

即使被對方詢問原因也可以用「他們叫我不可以說」解決。

3月

March

3 月 1 日 星期

公司的印表機只有在深夜加班的時候會卡住。

拉出像摺扇一樣歪七扭八的紙。

3 月 2 日 星期

即使被邀請來吃員工餐，

午餐也只想一個人吃喜歡的東西。

被公司有提供高級員工餐的人邀請，
老實說很煩。

3 月 3 日 星期

被便利商店彩色列印的價格嚇到。

十張就要五百圓。
早知道就去公司印了。

3 月 4 日 星期

「這件事只能在這裡說」很快就會到處都在說。

除了很快就會傳出去外，
還被最不想給他聽到的人聽到。

3 月 5 日 星期

用語：成長駭客（Growth hack）

意思：努力、費心

明明工作都要費心，

把做這些取名叫「成長駭客」的人真是天才。

3 月 6 日 星期

開會時可以滑社群網站，但不要按讚。

會被發現你在會議上玩手機。

3 月 7 日 星期

不用十年，有些工作明年就不見了。

好比說貼勘誤貼紙。

就算工作沒了
我也不會沒了喔!

3 月 8 日 星期

會議室的牆壁很薄，秘密會全被聽見。

公司會議室的牆驚人的薄。

你什麼時候
才要跟老婆離婚?!

3 月 9 日 星期

不說「我拒絕」，請說「恕我婉拒」。

發送東西的時候也用請求的語氣說

「請使用看看」。

3 月 10 日 星期

不可外借的資料用完後，悄悄放回原位。

沒人來催代表根本不重要。

3 月 11 日 星期

向老鳥詢問泡沫經濟時期的事會沒完沒了。

已經是上古傳說等級的事了，
令人驚訝的是只需要附和，
他就可以講二十分鐘。

3 月 12 日 星期

「這不是在怪誰」，
說出這個的時候就是在怪誰。

計畫失敗的會議上很常聽到的臺詞。

3 月 13 日　星期

和只在視訊會議上見過的人見面時
發現他超魁梧。

人類會用長相來想像對方的身材。

3 月 14 日　星期

和宅急便打好關係會很方便。

會拿已經印好字的收據給你，
還會配合你調整取貨的時間。

3 月 15 日 星期

「如果再多一個我就更好了呢——」

這種話都是出自那些一個就很夠了的人之口。

現場所有人心裡都在想「一個你就夠了！」。

3 月 16 日 星期

一直不接電話會被貼上

「那個人不接電話」的標籤。

努力抵達「那個人管不動」的標籤。

3 月 17 日 星期

會議上說出「我很笨，請再教我一次」的人

都不覺得自己很笨。

沒有比這更惡劣的詢問方式了。

不要用。

3 月 18 日 星期

每次都自己主動過來的主管，

某一天就變成了什麼都做。

部下看到這種情況就再也不會動了，

全都交給主管去做。

3 月 19 日　　星期

想結束會議就闔上筆電。

表示自己沒有打算做任何筆記了。

3 月 20 日　　星期

雖然那人語帶挖苦說

「不是什麼愉快小團體啦」，

但看起來就是什麼愉快小團體。

好想加入。

啊，我要預約
晚上八點六個人
是的，名字是
「愉快小團體」

3 月 21 日　　星期

「現在是傳到哪裡去了啊」

不是什麼玩遊戲的對話。

意思是「是誰讓進度停下來了？」。
怎麼可能在午休的時候讓你玩什麼躲避球。

3 月 22 日　　星期

同一家公司內的社內競爭稱為「分食」。

很變態的商務用語。

雖然是常出現的詞，
但仔細想想還滿恐怖的。

3 月 23 日　　星期

有人把那種靠近到膝蓋都快碰在一起的工作交接方式稱為黏巴達舞。

名字很奇怪，
但會這麼取是有原因的。

……也就是說
你在對我職場性騷擾囉？

3 月 24 日　　星期

試著在會議上說說看「那或許稱得上是一種戰術又不算是戰術的一種」。

當然不知道自己在說什麼。

那是你的感想，
不是分析唷

3 月 25 日　　星期

試試看用鉛筆做筆記。

沒什麼特別意義。

3 月 26 日　　星期

「我兩分鐘後過去」說出這種不上不下的時間

會讓你看起來是個心思細膩的人。

實際上兩分鐘後沒過去也沒關係。

3 月 27 日　　星期

軟著陸、撤退戰、空中解體，

事情進展不順利時盡量多用生難詞。

還有人會用「急流勇退」來比喻自己。
說得好像很浪漫。

這是玉碎瓦全的
續命處置!!

3 月 28 日　　星期

「我賭上我的事業」，

即使這樣說公司也不會開除你。

所以不要隨便掛在嘴上。

你的意思是
你要「辭職」?
啊不是……
那個……

3 月 29 日 星期

把筆電忘在家裡好像也沒什麼大不了的。

發現其實也不需要帶包包。

沒有了你好像
也沒什麼大不了的呢
別這麼說~~

3 月 30 日 星期

上臺報告時筆電不會動了，

就可以看出一個人的閒聊能力。

上臺報告時，

聊天室通知出現也要毫不在意。

啊——
這就好像是俗話說
「你是爭不過愛哭的孩子
和正在更新的程式的」吧……

3 月 31 日 星期

對上班族來說年度末就是除夕。

今年度來不及完成的工作呀，
再會啦！

這就是「年來年去」喔……

譯註：「年度」指根據工作或事務劃分的一年期間，
日本的一年度通常是四月一日到隔年三月三十一日。

月 日 星期

後記

雖然在「前言」寫說我是公司職員，但在寫這本書到一半時，我就不是公司職員了！
恐怕是因為我都在實踐我寫的這些東西吧。不過話雖這麼說，因為是超完美離職，所以這本書裡寫到的知識應該都很有用。

還有啊，即使已經不是公司職員了，這本書裡所寫的東西還是可以在各式各樣的場合使用。

前天我也為了和年輕美容師找話聊，問了他味噌湯裡喜歡加什麼料，結果聊得非常熱絡。所以也推薦給假裝是人類來到地球的外星人的你們。在美容院到侵略地球這超大範疇裡，還請多多善用這本書。

最後，編輯藤澤、裝幀的川名老師，還有插畫的吉竹老師，能和此等黃金陣容一起做這本奇怪的書，是我的驕傲。我也要謝謝這三十年來守望我的上司和同事，給您們添麻煩了。

希望大家讀了這本書，能夠多少消除一些對於工作的緊張感。

這個世界就是一間超大的公司！

M E M O

超好用MEMO欄

- 最後一個離開時的注意事項

- 公司的地址、電話號碼、匯款帳戶

- 印表機、碎紙機壞掉時的聯絡人

- 公司內管理系統的ID、密碼

- 費用項目編號一覽表

MEMO

- 公司用語表

- 無論何時、人數多少，隨時都有位子的店

- 問他問題也不會生氣的人

- 內線的轉接方式

作者簡介

林雄司

自稱上班族。
從一九九三年開始，過了三十年的公司職員生活。擔任過以企業為服務對象的雲端資料庫業務、網路商店營運、網頁媒體的編輯等。
上班族生涯中最難忘的回憶是在前往深山裡的培訓設施時迷了路，在山路裡邊走邊聽流浪狗叫。
二〇二四年創業，獨立經營媒體網站「DailyportalZ株式會社」，再也等不到退休，因此決定一生都稱呼自己為上班族。

繪者簡介

吉竹伸介

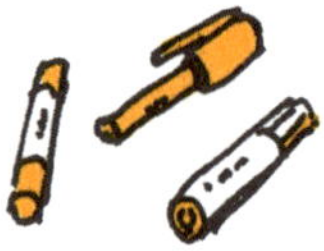

繪本作家、插畫家。著作很多，只有半年的上班族經歷。
雖然在職期間很短，但在那段時間裡學到了許多做人的大道理。
靠著當上班族期間發散壓力的素描離職，成為了插畫家。
能有今天都是因為曾經的上班族生活，對公司非常感謝。

國家圖書館出版品預行編目資料

今天也平安下班了呢：上班族生存指南 / 林雄司著；吉竹伸介 繪；蔡承歡 譯. -- 初版. -- 臺北市：皇冠文化出版有限公司, 2025. 7
224 面；21×14.8 公分. -- (皇冠叢書；第5232種)
(Palette；1)
譯自：1日1つ、読んでおけばちょっと安心！ビジネスマン超入門365

ISBN 978-957-33-4311-0 (平裝)

1.CST: 職場成功法

494.35　　114007450

皇冠叢書第5232種
Palette | 1

今天也平安下班了呢

上班族生存指南

1日1つ、読んでおけばちょっと安心！
ビジネスマン超入門365

作　　者—林雄司
繪　　者—吉竹伸介
譯　　者—蔡承歡
發 行 人—平　雲
出版發行—皇冠文化出版有限公司
臺北市敦化北路120巷50號
電話◎02-27168888
郵撥帳號◎15261516號
皇冠出版社(香港)有限公司
香港銅鑼灣道180號百樂商業中心
19字樓1903室
電話◎2529-1778　傳真◎2527-0904
總 編 輯—許婷婷
責任主編—蔡承歡
美術設計—嚴昱琳
行銷企劃—蕭采芹
著作完成日期—2024年
初版一刷日期—2025年7月
初版二刷日期—2025年8月
法律顧問—王惠光律師

讀者服務傳真專線◎02-27150507
電腦編號◎598001
ISBN◎978-957-33-4311-0
Printed in Taiwan
本書定價◎新臺幣380元/港幣127元